科创少年来了

像化学工程师一样思考

[英]珍妮·雅各比/著　[波]露娜·瓦伦丁/绘　汤宁 雷荷芸/译

浙江教育出版社·杭州

图书在版编目（CIP）数据

像化学工程师一样思考 / （英）珍妮·雅各比著；
（波）露娜·瓦伦丁绘；汤宁，雷荷芸译. -- 杭州 ：浙
江教育出版社，2024.5（2024.10重印）
（科创少年来了）
ISBN 978-7-5722-7752-8

Ⅰ．①像… Ⅱ．①珍… ②露… ③汤… ④雷… Ⅲ.
①化学—少儿读物 Ⅳ．①06-49

中国国家版本馆CIP数据核字（2024）第097106号

浙江省版权局著作权合同登记号：图字11—2024—092号

Everyday STEM Engineering - Chemical Engineering
First published 2023 by Macmillan Children's Books an imprint of Pan Macmillan
Text and illustrations © Macmillan International Publishers Ltd

目　录

4　化学工程师

6　如何成为一名工程师?

8　从实验室到现实生活

10　洗涤剂

12　面包

14　饮用水

16　气泡水

17　浴盐球

18　在农场上

20　循环利用

22　看到身体的内部

24　生物材料

26　疟疾

28　刀锋假肢

30　组织工程

32　应对变老

34　喂饱世界人口

36　流行病

38　未来医疗

动动手吧！

40　酸碱测试

41　破坏表面张力

42　自制浴盐球

44　柠檬气泡水

45　弹力鸡蛋

46　术语表

48　作者和绘者

化学工程师

工程师将科学知识和创造力结合起来，发明出有用的工具，或针对需要改进的事物提出解决方法，目的是改善我们的生活。其中，化学工程师利用化学物质制造出清洁产品、汽车燃料、促进植物生长的肥料等，帮助人们完成不同的工作。此外，他们还负责设计用来制造这些产品的设备和工厂。

药品和其他有用的化学物质的研发需要经过大量的测试、试验和评估，以确保它们对人体无害。

消毒剂能杀灭可能引起疾病的微生物，如细菌和霉菌，从而确保物体表面安全无害。

在水中加**洗涤剂**可以轻松去除污垢，不同的洗涤剂具有不同的功能。以玻璃清洁剂为例，其含有的表面活性剂能清除污垢，而酒精能使玻璃更加明亮。

化学工程师也研发各种**燃料**。长途卡车、精英赛车和大型客机因功能和需求不同，使用的燃料各不相同。同时，他们还研发环保燃料，比如以植物为原料的生物燃料。

生物医学工程师

生物医学工程师致力于帮助人们过上更健康、更长寿、更幸福的生活。他们研制的工具可以用于医疗机构，也可以用于普通家庭。

基因工程是人为改变细胞的遗传物质（主要是DNA）的技术，目的是定向改变基因功能。这样做可以帮助身体病后修复，或者使致病细菌变得无害。

组织工程将细胞或其他生物材料与物理支架结合起来，形成具备天然组织功能的新身体部位。这项技术仍在发展中，可以用于修复受损的组织、器官等。

医学成像借助扫描仪，在不伤害患者的情况下显示患者体内的影像。

纳米生物技术使用微小的生物分子进行工程设计。有了这些微小的分子工具，药物可以被精准地投放到患者需要治疗的部位。

生物材料就像是一种帮助身体良性运转的新装备。隐形眼镜帮助眼睛看得更清楚，创可贴帮助伤口愈合，心脏起搏器帮助维持心脏跳动……

假肢是人造的身体部位，用来替代缺失的四肢。工程师们一直在思考研发更强大的假肢。

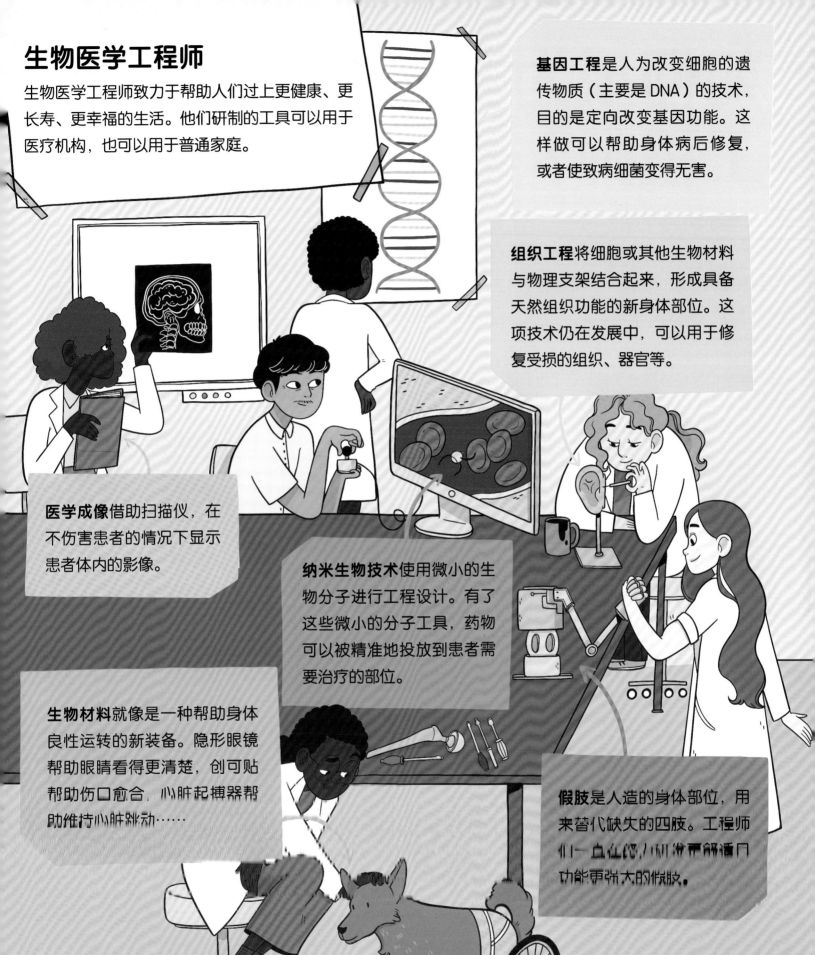

如何成为一名工程师？

没有任何一项发明一开始就是完美的，所有发明都需要通过反复**测试**和**改进**，最终才能达到平稳安全的状态，并且可能比你最初想象的还要好。

你如果想像工程师一样解决问题，就需要调动许多不同的能力。有些能力需要经过多年的学习才能获得，比如对世界运转方式的理解；还有一些能力是你已经具备的，比如想象力、专注力、团队合作能力等。

科学家们已经总结出了有关这个世界的许多**知识**，这些知识将帮助你实现自己的发明梦。

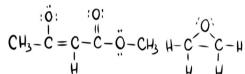

团队合作很重要。因为每个人的能力不同，所以将不同的人聚集在一起比孤军奋战的创造力大得多。

为了让发明走进现实，你可能需要掌握一些**技术**。

多**观察**你周围的事物，然后提出问题。"这个东西是如何工作的？""这个创意能否用来解决其他问题？"诸如此类的问题可以带给你灵感。

想象力非常重要！在将想法变成现实之前，你必须先在脑海中描绘出一个更美好的世界或一个新工具。

亚历山大·弗莱明（1881—1955）

弗莱明出生在苏格兰，从伦敦的医学院毕业后，他留校从事医学研究并担任讲师。第一次世界大战爆发后，他率领一个研究小组奔赴前线。

在野战医院工作时，弗莱明发现用杀菌剂消毒伤口，不仅无法真正杀灭细菌，反而杀死了能够吞噬细菌的人体细胞，加剧伤口感染，导致更多的伤员死亡。

战争结束后，弗莱明回到伦敦，开始研究既可以杀灭致病细菌，又不会伤害患者身体的物质。

1928 年，弗莱明在实验台的一个角落留下一堆没有清洗的细菌培养皿就去度假了。他的实验室本来就不太整洁，再加上开着窗，伦敦街道的污染物飘了进来。

等弗莱明度假回来，他发现其中一个培养皿被一种霉菌污染了，并且在霉菌周围形成了一个无菌的环状区域。他意识到这种由霉菌产生的物质可以用来杀灭致病细菌，并将其命名为"青霉素"。

但弗莱明接下来转移了研究方向。1938 年，英国科学家霍华德·弗洛里和德裔英国科学家厄恩斯特·钱恩开始了将青霉素转化为抗生素药物的工作。在第二次世界大战期间，他们将工作成果带到了美国。

到了 1944 年，青霉素被带到欧洲战场，拯救了至少 10 万名盟军伤员的生命。

从实验室到现实生活

化学工程师和生物医学工程师通常在实验室和办公室工作，所以我们很难看到他们的工作过程。但幸运的是，他们创造的物品已经应用到了我们生活的方方面面，从饮食到医疗，它们无处不在，以不起眼的方式提高着我们的生活质量。

面包房

让面包和蛋糕膨胀起来的过程就用到了化学。蛋糕胚的混合物中包含发酵剂——发酵粉或小苏打。这些化学物质在烤箱中受热后，与混合物中的其他物质发生反应，产生二氧化碳气体。这些气体被困在混合物中，形成的气泡越来越大，使蛋糕变得越来越轻盈松软。

理发店

你思考过染发的原理吗？理发师配制的染发剂中含有一定量的氨水，它能使发丝膨胀软化，并将头发表皮层的毛鳞片打开。染料小分子通过这些空隙进入头发后，被氧化成大分子，无法再出来，从而达到给头发永久染色的效果。

咖啡馆

多亏了化学，我们才能喝到嗞嗞冒泡的气泡水和口感绵密的牛奶。气泡水中含有溶解的二氧化碳，当我们打开易拉罐或瓶子时，气体逸出，形成许多小气泡。牛奶中的奶泡则是因为将蒸汽打入其中时，牛奶中的蛋白质会包裹住气泡，阻止它们破裂。

医疗中心

生物医学工程师设计的仪器能够监护人们的健康，并帮助医护人员照顾患者。他们研发出了给针头和注射器灭菌的方法、用于生产口罩的材料，以及既能保护受伤的脚踝又不影响行走的拐杖和"靴子"。

药房

从装在泡罩包装里的药丸到装在瓶子里的浓稠液体，再到装在注射器里的注射液和可以贴在皮肤上的贴片，生物医学工程师总能找到将药物输入体内的最佳方法，在帮助患者尽快康复的同时，不对患者的身体造成其他伤害。

游泳池

为了保持游泳池的清洁，我们会向池水中添加氯等化学物质。适量的消毒剂可以杀灭游泳者带入的细菌，且不会对人体造成伤害。

洗涤剂

我们习惯用水来清洗物品，但事实上，水并不擅长让东西变干净。更确切地说，水根本不擅长打湿物品！当你用水打湿手背时，水是不是会形成一颗颗水滴，而不是扩散开？这是因为水有很强的表面张力，换句话说，水的表面就像皮肤一样将它包裹起来。因此，要想用水清洗物品，我们首先要做的就是破坏它的表面张力。这时，各种洗涤剂就发挥作用了。

低密度

橡皮鸭比水黾要大得多，但仍然能漂浮在水面上，这是因为它的内部充满了空气，密度足够低，以至于水的表面张力可以支撑它。

重量均摊

水黾（mǐn）是一种常见的水生小昆虫，它能将自身重量通过六条腿分散在较大的面积上，所以水的表面张力足以支撑它们在水面"滑行"。

防水

我们不难发现，荷叶的叶面不沾水，上面的水珠可以轻易滚动着从叶片上滑落。这是因为荷叶表面的结构具有防水性。

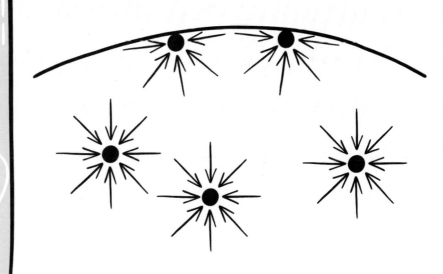

水花飞溅

溅起的水花里有很多水滴，且每颗水滴都呈球形，这是因为表面张力使它们形成最简单的形状。最小的水滴也最圆，因为它具有最强的表面张力。

表面张力的原理

在水中，一种叫"内聚力"的力将水分子吸引在一起。液体内部的水分子会受到来自各个方向的吸引力，而液体表面的水分子没有来自上方的吸引力。这意味着液体表面分子之间的吸引力比液体内部分子之间的吸引力更强。这种更强的吸引力使得水的表面更紧绷。

表面活性剂

彻底清洁物品前要先破坏水的表面张力，这样才能使水分子接触污垢并将其带走。为了做到这一点，我们要使用一种叫"表面活性剂"的化学物质。水与表面活性剂混合后，可以更容易地打湿物品并产生泡沫，从而达到清洁的目的。

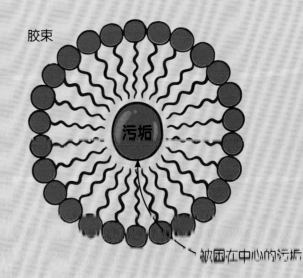

胶束

污垢

被困在中心的污垢

亲水端

表面活性剂分子

疏水端

表面活性剂的工作原理

表面活性剂分子有一个亲水（被水吸引）的末端和一个疏水（被水排斥）的末端。疏水端被无法溶解在水中的脏污、油脂颗粒吸引，它们围绕在污垢周围，使亲水端指向水。这样就形成了一个个以污垢为中心的球状胶束，很容易被水冲走。

面包

轻盈松软的面包里也藏着化学奥秘。在烤箱的帮助下，面团内部会发生化学反应，产生的气体被困在面团中形成气泡，气泡随着烘焙过程逐渐增大，最终使一块黏黏的面团变成海绵般蓬松的面包。

揉面

制作面包的一个重要步骤是揉面。面团被搓揉、拉伸的过程中，面粉中的蛋白质结合在一起，形成长而富有弹性的面筋，面筋的网状结构能够包裹住发酵产生的气体，形成蓬松的组织。以前的面团都是手工揉制的，现在虽然有揉面机，但许多面包房和家庭仍然坚持手工揉面。

发酵

发酵是让面包变松软的关键环节。酵母是一种天然发酵剂，这种微生物一旦与温水和面粉混合，就会"吃掉"面粉中的糖分子，并产生让面包膨胀的二氧化碳气体。

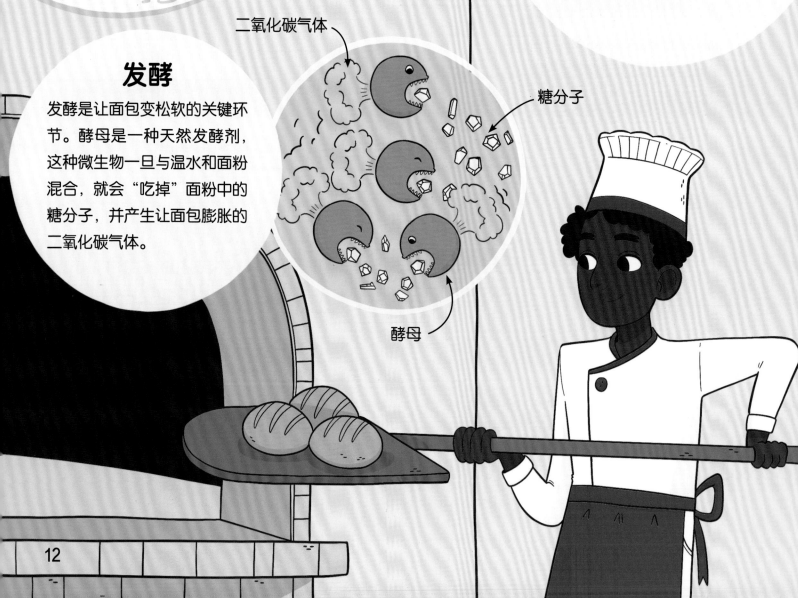

二氧化碳气体

糖分子

酵母

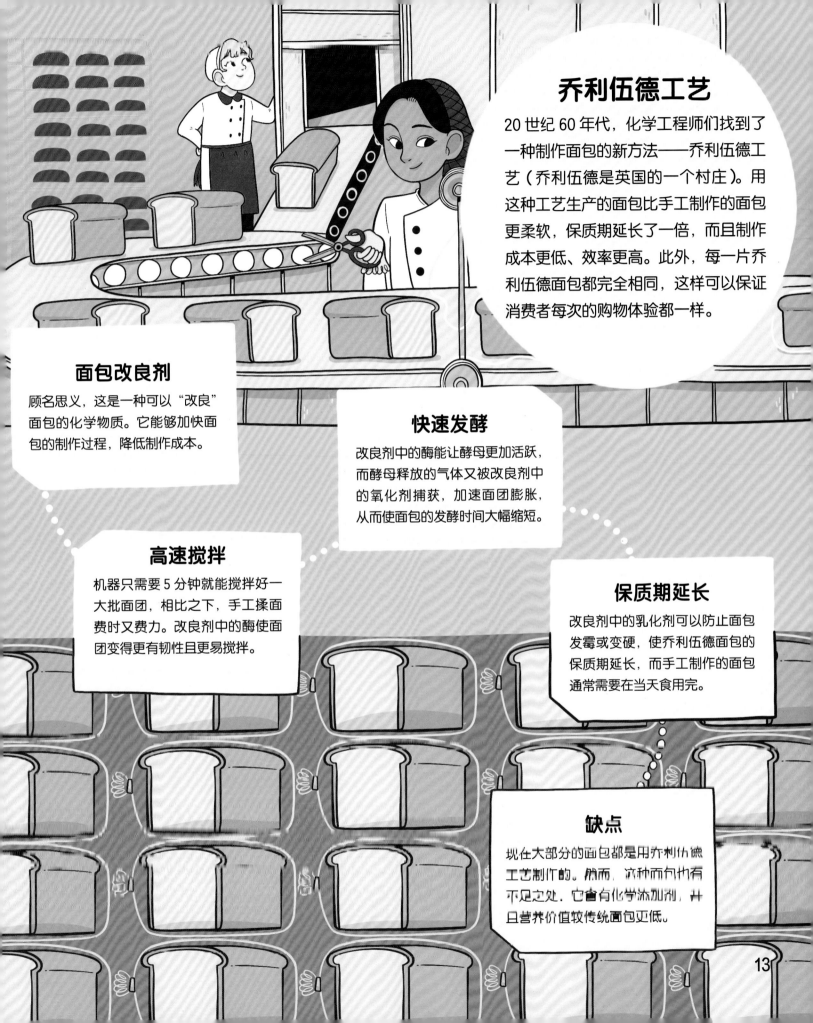

乔利伍德工艺

20 世纪 60 年代，化学工程师们找到了一种制作面包的新方法——乔利伍德工艺（乔利伍德是英国的一个村庄）。用这种工艺生产的面包比手工制作的面包更柔软，保质期延长了一倍，而且制作成本更低、效率更高。此外，每一片乔利伍德面包都完全相同，这样可以保证消费者每次的购物体验都一样。

面包改良剂

顾名思义，这是一种可以"改良"面包的化学物质。它能够加快面包的制作过程，降低制作成本。

快速发酵

改良剂中的酶能让酵母更加活跃，而酵母释放的气体又被改良剂中的氧化剂捕获，加速面团膨胀，从而使面包的发酵时间大幅缩短。

高速搅拌

机器只需要 5 分钟就能搅拌好一大批面团，相比之下，手工揉面费时又费力。改良剂中的酶使面团变得更有韧性且更易搅拌。

保质期延长

改良剂中的乳化剂可以防止面包发霉或变硬，使乔利伍德面包的保质期延长，而手工制作的面包通常需要在当天食用完。

缺点

现在大部分的面包都是用乔利伍德工艺制作的。然而，这种面包也有不足之处。它含有化学添加剂，并且营养价值较传统面包更低。

13

饮用水

水是人类生活的必需品，我们需要用干净的水来洗涤、烹饪和冲厕所。但最重要的是，我们的身体需要水，并且是绝对安全的饮用水。为了确保这一点，自来水厂会进行许多化学测试。来自水库、地下水、河流和小溪的水进入水厂后会经过机器检测，其酸碱度和污染程度决定了它的处理方法。水中的细菌、真菌、病毒等致病微生物会在一系列的净化处理中被去除，使水最终变得安全可饮用。

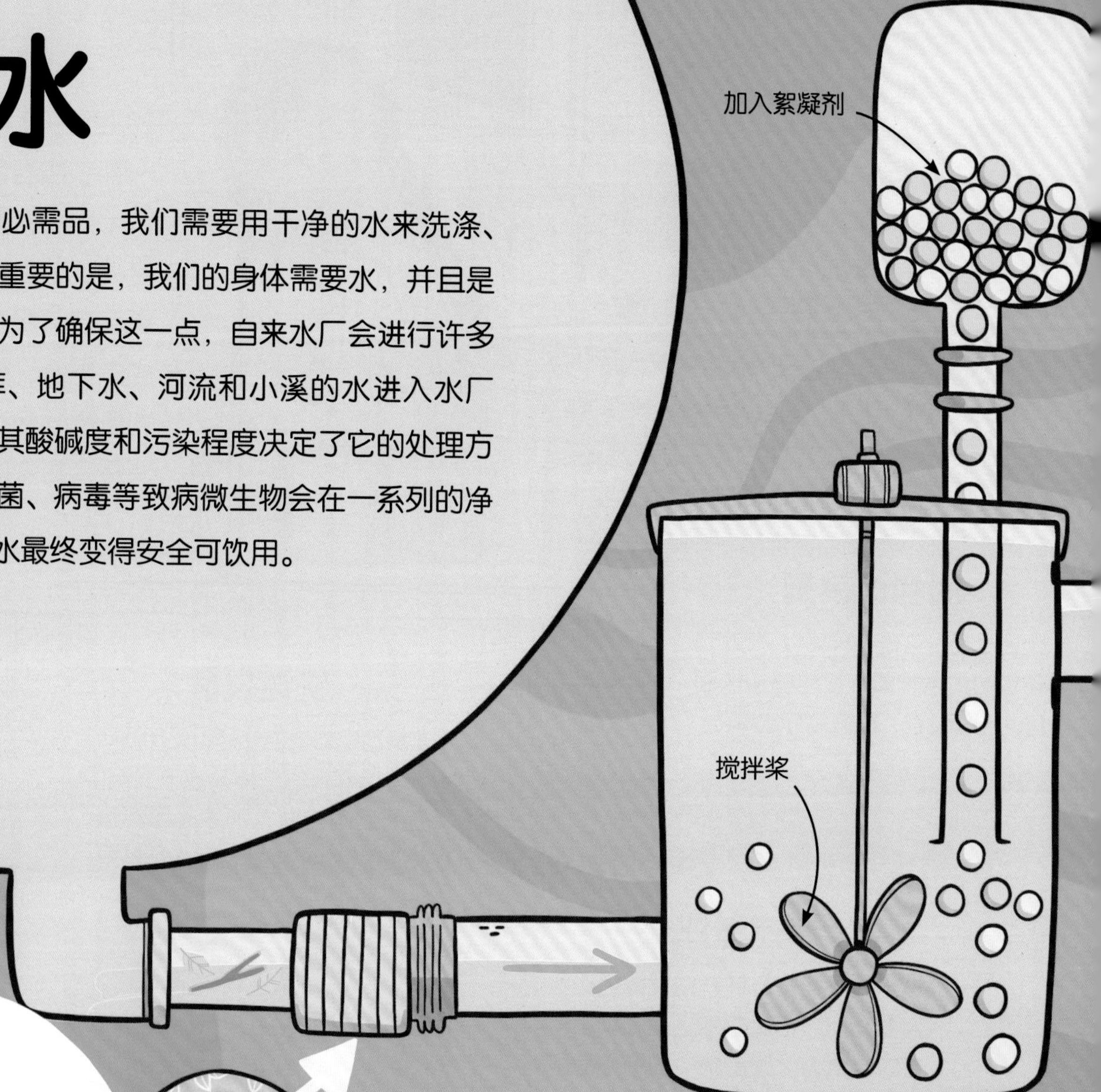

加入絮凝剂

搅拌桨

1. 粗过滤

粗过滤能去除水中的大块固体物质，比如树枝和树叶。

2. 絮凝

将絮凝剂（如硫酸铝）加入水中，它们会吸附未溶解的微粒，使它们聚集起来，形成较大的絮状沉淀物——絮凝物。

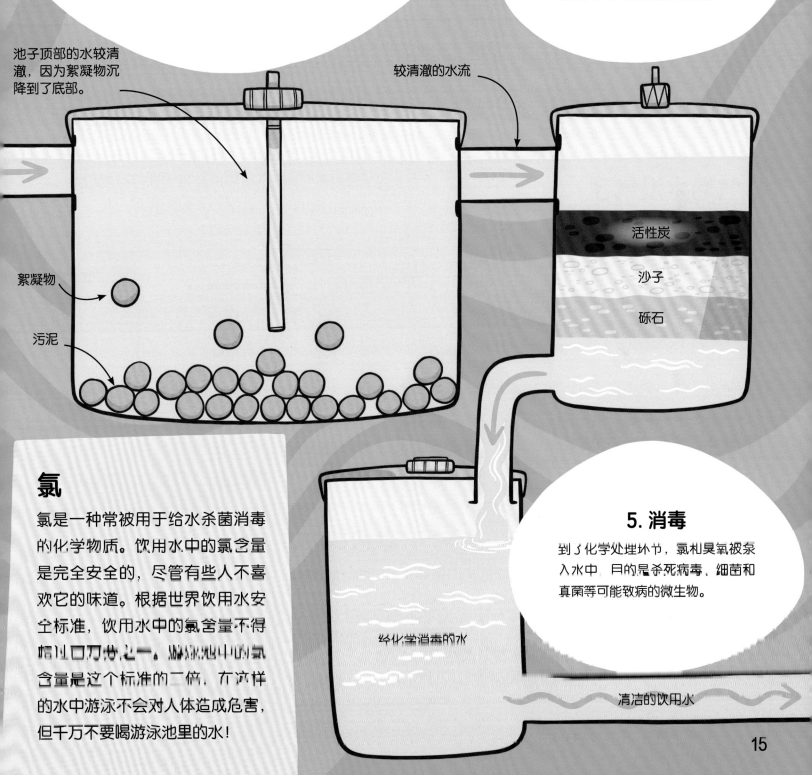

3. 沉淀

要想将絮凝物从水中去除，一种方法是让絮凝物沉降到池子底部，让较清澈的水从顶部缓慢流进下一个池子里；另一种方法是向水中注入空气，絮凝物吸附空气后会浮到水面上，形成"污泥毯"，此时只需铲去"污泥毯"，让下层较清澈的水流进下一个池子里即可。

4. 精细过滤

为了去除水中最后剩下的固体微粒，还要用一层层的活性炭、沙子和砾石再次过滤。

池子顶部的水较清澈，因为絮凝物沉降到了底部。

较清澈的水流

絮凝物

污泥

活性炭

沙子

砾石

氯

氯是一种常被用于给水杀菌消毒的化学物质。饮用水中的氯含量是完全安全的，尽管有些人不喜欢它的味道。根据世界饮用水安全标准，饮用水中的氯含量不得超过百万分之五。游泳池中的氯含量是这个标准的三倍，在这样的水中游泳不会对人体造成危害，但千万不要喝游泳池里的水！

给化学消毒的水

5. 消毒

到了化学处理环节，氯和臭氧被泵入水中，目的是杀死病毒、细菌和真菌等可能致病的微生物。

清洁的饮用水

气泡水

你也许注意到了，气泡水在被打开前并不会咝咝冒泡。这是因为只有在易拉罐或瓶子刚被打开时，气泡水中含有的化学物质才会被激活，产生气泡。

制造气泡水

气泡水中的气泡是由二氧化碳逸出形成的。二氧化碳是一种气体，制造气泡水最重要的一步就是让它溶解在水中。为了使水分子困住二氧化碳分子，整个过程必须在低温、高压的条件下进行。

二氧化碳 + 水 = 碳酸

这个化学反应过程是可逆的，即碳酸可以很容易地变回二氧化碳和水。为了让二氧化碳以碳酸的形式存在，易拉罐和瓶子必须经过密封，从而保持内部的高压环境。直到你打开易拉罐或瓶子的瞬间，二氧化碳才会跑出来。

气泡（碳酸）水　　　　　　　　二氧化碳

气泡水没气了

气泡水中只溶解了一定量的二氧化碳，一旦它们全部逸出，气泡水就会变成普通饮料。在温暖的环境中，二氧化碳会跑得更快。

普通的水也会产生气泡

普通的凉水在室温下放置一段时间后也可能会产生气泡。这是因为在低温下，水中可以溶解较多的气体，当水逐渐升温到室温后，气体的溶解度变低，一部分气体从水中慢慢逸出形成气泡。

浴盐球

当你将浴盐球放入温暖的洗澡水中时，它会迅速"爆炸"，制造出大量色彩缤纷的泡沫。为什么会这样？

你知道吗?

浴盐球中通常包含柠檬酸、小苏打、玉米淀粉、香料和色素。如果你想自制一个浴盐球，那么你可以翻到第42~43页，看看如何调配这些原料。

化学反应

浴盐球中的小苏打和柠檬酸很容易溶解在水中。当它们在水中相遇时，会发生一种化学反应，产生二氧化碳，制造出大量泡沫。

具体来说，小苏打中的碳酸氢根与柠檬酸中的氢离子结合，生成水和二氧化碳。二氧化碳从水中逸出，形成气泡，并发出咝咝声。

浴盐球的外层首先与水接触并溶解，随着水一层层侵蚀，浴盐球逐渐变小。这时，玉米淀粉的重要性就体现出来了：它通过减缓小苏打和柠檬酸溶解在水中的速度来延缓化学反应。如果没有玉米淀粉，浴盐球将在几秒内"爆炸"消失，使洗澡的乐趣减半。

在农场上

在过去的 50 多年里，全球谷物产量增加了一倍多。但按照目前的人口增长趋势，到 2050 年，我们将不得不把粮食产量再提高至少 50%，以供养近 100 亿的世界人口！化学工程虽然帮助我们提高了粮食产量，但也带来了一些环境问题。唯有了解土壤的化学和生物学特性，了解我们使用的化学物质，才能在不伤害地球的前提下养活所有人口。

农药的优点

我们辛辛苦苦种植农作物，却不是最早享用它们的，毛虫、甲虫和蚜虫等害虫通常会先"下手"。它们吃得越多，给我们剩的就越少。为了杀灭害虫，科学家们研发出了可以喷洒在农作物上的农药。利用旋转式农用喷雾器或飞机可以给整片田地喷洒农药。

化肥的优点

农作物在生长过程中会从土壤中汲取养分，但连续多年在同一片土地上种植单一作物会使土地越来越贫瘠。而化肥的作用是给土地补充养分，帮助农作物生长。

替代方案

有机农业是指在农业生产中不使用任何人工合成肥料、农药等化学物质，它能够解决现代农业带来的一系列问题。以下是一些不用化学物质处理杂草和害虫，并能解决营养问题的方法。

基因改造是一种可以培育出抗旱、抗虫或抗病作物的实验室技术。

地下农场利用 LED 灯为作物提供生长所需的光。由于空间是封闭的，害虫无法进入，因此不需要使用杀虫剂。

轮作是一种已有上千年历史的技术。在同一块土地上轮流种植不同的作物，能改善土壤结构，调节土壤肥力，从而获得更好的收成。

生物防治利用其他生物来对付害虫，如用瓢虫对付蚜虫。

农药的缺点

农药对所有昆虫都有害，而不仅限于吃庄稼的害虫，一些承担着传粉任务的益虫也会跟着遭殃。此外，所有昆虫都是其他动物（如小鸟）的美味佳肴，杀死昆虫势必会对整个地区的生物多样性造成危害。

化肥的缺点

通常情况下，我们施用在土壤中的化肥会超过农作物所需的量。下雨时，化学物质会溶解在雨水中，从田地流入水道。如果它们在池塘和湖泊中积累，就会为这些水休提供养分，加速杂草和藻类的繁殖。昌这水面蒲村个水面，就会令物米线儿法通过，水卜的植物和鱼光就会死亡。

循环利用

随意丢弃废弃物不但会污染土地和海洋，而且一旦废弃物被小动物误食，毒素就会在食物链中积累，给所有生命带来危害。一些废弃物，如铝，可以轻松地被回收再利用；而其他废弃物，特别是塑料，就困难得多了。废弃物的处理和回收技术也是化学工程师的研究任务之一。

铝

纯铝非常稳定，可以被反复熔化和再加工，却不降低品质。人类过去制造的所有铝制品中，约有三分之二仍在使用。其中易拉罐是最容易回收的铝制品之一。

1. 将回收的易拉罐分类，去除残留的液体和铁、铜、锌等金属杂质。

2. 将易拉罐压扁、切割成立方体。

3. 将这些立方体熔化后制成新的铝锭。

4. 新的易拉罐将在三个月内重新出现在商店中。

回收一只易拉罐所需的能量仅是用原材料制造一只新易拉罐所需能量的5%。

塑料

废弃塑料有很多种处理方式，如物理填埋、高温焚烧、回收再生等。填埋和焚烧不仅会污染土地、水体和大气，还会消耗大量资源和能源。回收再生是相对环保的塑料垃圾处理方法，但再生后的塑料品质会降级。

扔进可回收垃圾桶的塑料瓶会被熔化和重新塑造，在这个过程中，塑料会失去强度和韧性。这意味着它不能被重新做成瓶子，而只能做成其他品质较低的物品。正因为塑料不能无限地降级循环，所以我们才要减少使用塑料制品。

塑料由名为"聚合物"的长链分子组成，当它被分解成单体分子时就可以重新形成新塑料了。然而，这个分解过程需要耗费大量的能量，原因是塑料在 300~500 ℃ 的高温下才能熔化。未来，化学工程也许能用一种更经济的方式帮助塑料分解，或者使塑料变得像铝一样可以无限循环。

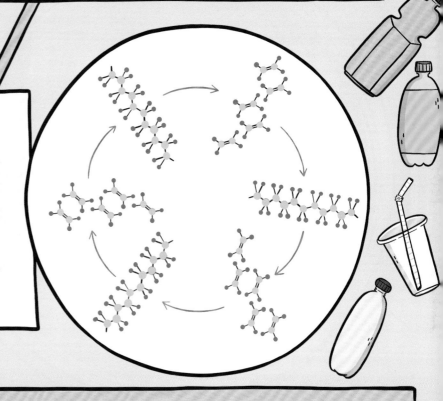

杰米·加西亚（1983—）

作为 IBM 的首席科学家，杰米·加西亚致力于研究化学回收塑料的方法。她发现了一种可以分解废旧 CD 的催化剂（一种能加快化学反应的速度，且自身不会被消耗的化学物质），这种催化剂可以使废旧 CD "重获新生"，制成的聚碳膜可用于净化水。加西亚还意识到，我们还可以通过设计具有自我销毁能力的塑料来节省能源。她发现了一种坚固的塑料，在酸中分解后可以重新被利用。

看到身体的内部

当我们感到身体不适的时候，多亏了生物医学工程，医生无须切开我们的身体就可以了解我们体内的情况。

X 射线

1895 年，德国物理学家伦琴在研究阴极射线时，将射线照射到涂有化学物质的荧光屏上。他发现将人手放在射线的传播路径上时，荧光屏上出现了手部骨骼的影像。伦琴将这种射线命名为"X 射线"，而 X 射线成为首个可以拍摄我们身体内部影像的技术。

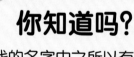

你知道吗？

X 射线的名字中之所以有"X"，是因为伦琴当时并不了解它。20 世纪 50 年代，人们曾使用 X 光试鞋机来检查鞋子是否合脚。直到科学家们意识到 X 射线可能带来危害，这类机器才被禁用。现在，医院在给患者拍 X 光片时，会尽可能降低 X 射线对患者的影响。

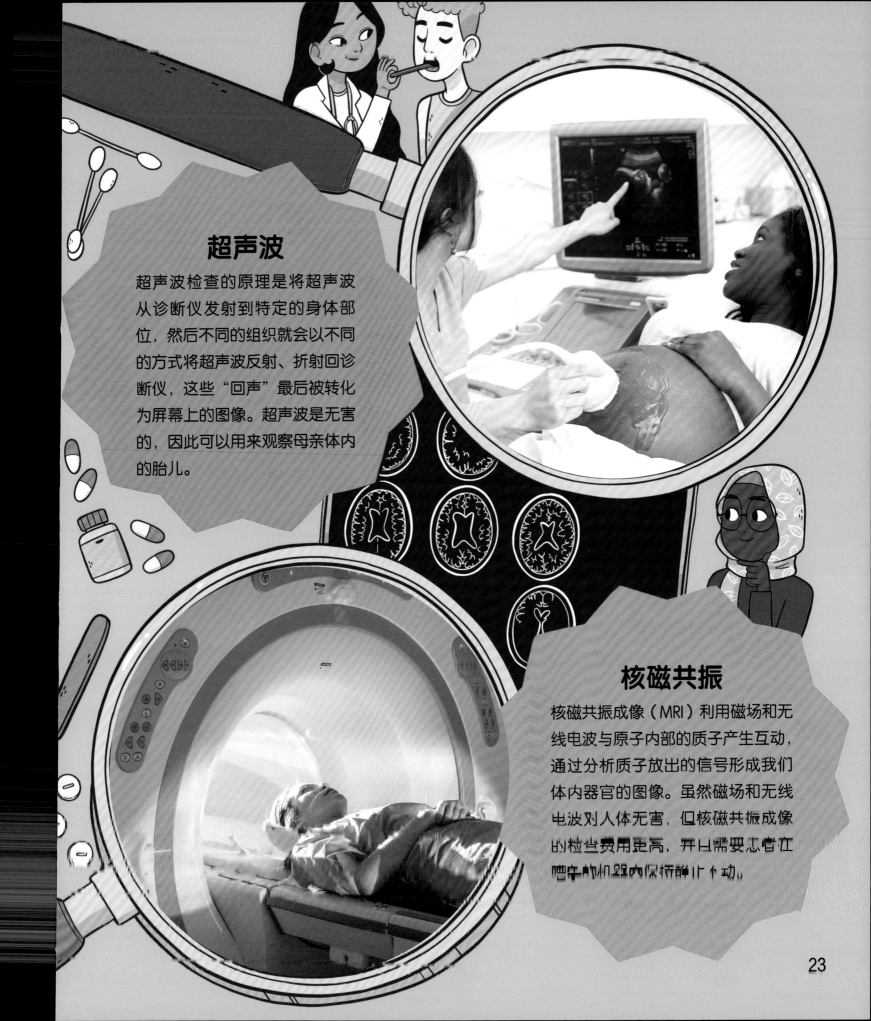

超声波

超声波检查的原理是将超声波从诊断仪发射到特定的身体部位，然后不同的组织就会以不同的方式将超声波反射、折射回诊断仪，这些"回声"最后被转化为屏幕上的图像。超声波是无害的，因此可以用来观察母亲体内的胎儿。

核磁共振

核磁共振成像（MRI）利用磁场和无线电波与原子内部的质子产生互动，通过分析质子放出的信号形成我们体内器官的图像。虽然磁场和无线电波对人体无害，但核磁共振成像的检查费用更高，并且需要患者在封闭的机器内保持静止个动。

生物材料

生物材料是以医疗为目的，用于诊断、治疗、修复或替换损坏组织、器官的材料。人类使用生物材料已有数千年的历史，随着科技的发展，这些材料也变得越来越复杂。

缝线

用线将伤口的边缘缝在一起的过程就是"缝合"。缝合伤口的目的是使其保持闭合状态，防止灰尘和细菌进入，妨碍伤口愈合。缝合技术自古就有，古罗马人曾用肠线或丝线作为缝线。

水泡贴

将水胶体敷料覆盖在水泡上，不仅可以起到保护和缓冲的作用，还可以利用其中的吸水物质吸收水泡中的液体。每张水泡贴可以吸收约等于自身质量28倍的水量！这种封闭且湿润的环境有助于水泡愈合。

医用胶水

缝合伤口时除了可以用线，还可以用特殊的医用胶水。其好处是能快速止血、减少疤痕、抗感染。如果伤口很深，那么可以在皮肤深层使用缝线，在表层使用医用胶水，这样既能固定缝线，又能加速伤口愈合。

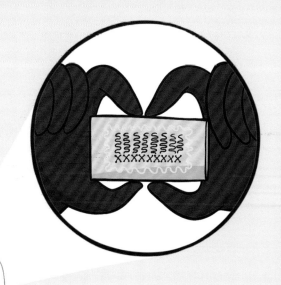

电子纹身

电子纹身是一种可以直接贴在皮肤上的超薄电路，主要用于监测心率、脑电波和肌肉活动。细小的线路以波浪状排列在黏性材料内，可以随着人体运动弯曲和拉伸。在未来，电子纹身可能被用于监测新生儿、帮助伤口愈合或治疗烧伤等。

药物输送

生物医学工程师还需要思考如何将药物输送到指定身体部位，这是因为胃酸非常强大，可以溶解药物。反过来，有些药物也可能刺激胃，比如布洛芬可以引起胃溃疡。因此，药物设计师将药丸或药粉包裹在抗胃酸的聚合物中，这样药物就能顺利抵达肠道后再被释放和吸收。

疟疾

疟疾是一种危及生命的传染病，仅 2021 年就夺走了 60 多万人的生命。有些地区的蚊子携带疟原虫，当人体被这些蚊子叮咬时，一部分疟原虫便会进入人体血液，引发感染。疟疾最初的症状包括头痛、发热和打寒战。由于这些症状很常见，患者一开始可能无法意识到自己患上了疟疾。如果不及时治疗，病情可能会迅速恶化，甚至导致死亡。针对疟疾，生物医学工程师们提出了几种预防和治疗措施。

蚊帐

这些薄尼龙网的网眼小到蚊子无法穿过，所以它是一种简单的阻止蚊虫叮咬的物理方法。将蚊帐搭在床上，人们就可以安心入睡。蚊帐价格便宜，但只有正确使用才能起到防护作用：必须及时修补破损；使用时必须将蚊帐下缘掖在床下，不留任何缝隙。

奎宁

奎宁是从金鸡纳树的树皮中提取的，在欧洲用于治疗疟疾已有近 400 年的历史。奎宁进入血液后可以抑制疟原虫的繁殖，从而治愈疟疾，但它也可能带来诸如头痛、恶心和听力损伤等不良反应，因此可以选择比它副作用更小的药物。

驱蚊喷雾

驱蚊喷雾是一道可以阻止蚊子叮咬的化学屏障。叮咬人体的是雌蚊，因为它们需要人体血液中的蛋白质来帮助产卵。雌蚊会被人类皮肤排出的二氧化碳吸引，而喷雾的作用就是掩盖人体的气味。但喷雾的效果会随着时间减弱，因此需要及时补喷。

屠呦呦（1930—）

屠呦呦结合她的西医训练和中医知识，创造出一种拯救了数百万人生命的药物。

屠呦呦出生在中国浙江，16 岁时因患上肺结核而休学了两年。回到学校后，她萌生了成为一名医学研究者的想法。

1951 年，屠呦呦进入北京医学院（今北京大学医学部），学习从植物中提取活性成分，并研究这些成分的化学结构。后来，她又学习了中医药知识。

1969 年，中国中医研究院接受抗疟药研究任务，屠呦呦被任命为该项目的负责人。为了专心工作，她不得不离开自己的孩子整整三年。

屠呦呦翻阅了大量古代医学文献，找到了数千个治疗疟疾的药方。其中一个提到了将青蒿浸泡在冷水中的做法。她这才意识到，自己用沸水提取药物的方法可能破坏了其中的活性成分。

1972 年，屠呦呦的付出得到了回报。她研制出的青蒿素治好了疟疾。屠呦呦又带领团队亲自测试了青蒿素，发现它对人体无害。

青蒿素是中医药献给世界的一份礼物。

2015 年，屠呦呦被授予诺贝尔生理学或医学奖。

刀锋假肢

刀锋假肢是为腿部或脚部截肢者设计的运动假肢。它拥有弯曲的外形和坚韧的碳纤维材料，比模拟人体骨骼的传统假肢更轻、更有弹性，因此能帮助残疾人运动员在跑步、跳高或跳远比赛中取得更好的成绩。

灵感

美国发明家范·菲利普斯自己就是一名截肢者，他在 20 世纪 70 年代设计了世界上第一款跑步假肢——"飞毛腿"。通过观察猎豹和袋鼠等移动迅速的动物，以及研究跳水板和撑竿的推动作用，他意识到提供动力的并不是腿骨结构，而是肌腱和韧带。

改良

1996 年推出的名为"猎豹"的跑步假肢模仿了猎豹向后弯的腿部结构。当运动员踏在上面时，弯曲的刀片会储存能量，然后释放出来推动运动员前进。

马库斯·雷姆（1988—）

雷姆出生在德国的格平根，14 岁时不幸遭遇了一次滑水事故，右腿膝盖以下被截肢。在他接受假肢装具师（安装假肢的专业人员）的培训时，一名教练看到了他的运动天分，送给他一个刀锋假肢。这份昂贵的礼物开启了雷姆的运动员生涯。他在 2011 年首次打破了跳远世界纪录，跳出了 7.09 米的成绩，又在 2012 年（7.35 米）、2015 年（8.40 米）、2018 年（8.48 米）和 2021 年（8.62 米）连续打破了自己的纪录。

世上没有"我不能"。

现代刀锋假肢

现代刀锋假肢大约由 80 层非常薄的碳纤维制成，层数越多，刀片就越坚固。刀锋假肢需要根据使用者的情况量身定制，因为不同人的腿长不同，截肢的位置不同，需求也不同。比如，短跑运动员需要在短时间内爆发能量，他们的假肢就与长跑运动员的假肢不同。

组织工程

组织工程是用细胞培养技术在体外构建组织、器官替代物的技术。组织工程师在实验室中使用生物材料与合成材料培养活体组织，再将这些组织移植到生物体内，使它们像正常组织一样发挥作用。这项技术可用来修复、重建或替代受损或功能异常的组织。

组织是什么？

组织是由许多形态和功能相似或相同的细胞及细胞间质构成的、能够完成特定任务的细胞集合。一个器官中可能会有几种不同类型的组织。

四大要素

组织工程有四大要素：

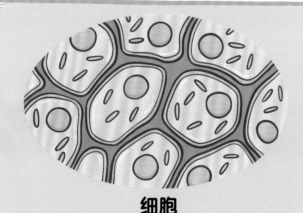

细胞

特定的组织需要具有特定功能的细胞。如果培养皮肤组织，就需要皮肤细胞。皮肤细胞可以直接从患者皮肤上获取，也可以通过培养患者的干细胞获得。干细胞没有特定的功能，但可以分化成特定类型的细胞。

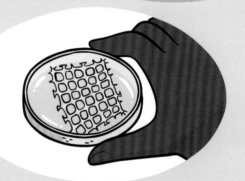

支架材料

支架是细胞生长的场所，它通常使用合成材料制成，形状与最终的组织类似。例如，如果正在培养新的耳组织，那么支架就会是耳朵的形状。等到细胞生长出来后，支架可能会溶解，也可能会保留下来，起到给组织定形的作用。

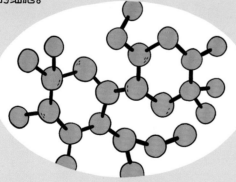

生物活性因子

生物活性因子是细胞生长和繁殖所需的化学物质，可以帮助细胞在特定环境中发展。它们与活体内的化学物质相同。

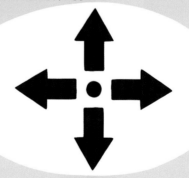

物理因素

细胞若要长成组织，离不开一些物理刺激，如力、电、磁、光、热等。

更多可能

目前，膀胱、小动脉、皮肤和软骨等组织已经成功地被创建和植入体内，但组织工程技术还有很长的路要走。工程师们正在努力培养出更复杂的组织和器官。

1. 扫描患者完好的那只耳朵。

奇怪的科学

20 世纪 90 年代，科学家们就已经将 3D 打印耳朵成功移植到了老鼠身上，这是组织工程领域的一个重大突破。它的意义在于帮助那些先天耳朵畸形或没有耳朵的儿童，利用他们自身的细胞培育出一个新耳朵。

2. 使用 3D 打印技术打印一个与好耳朵对称的支架，再从有缺陷的耳朵中提取细胞，种植到支架上，培养三个月。

3. 将新耳朵移植到患者身上。未来，我们也许能用患者自身的细胞培育出任何器官，以替代受损或患病的部位。

应对变老

现在，人类的平均预期寿命已经超过了 70 岁。而大约一百年前，人类的平均预期寿命只有三十几岁。我们之所以能活得更久，主要是因为曾经的很多致命性疾病，如今已经被人类攻克了。然而，长寿并不意味着健康和活力，年龄越大，患上糖尿病、痴呆症等"老年病"的可能性就越高。随着平均预期寿命的延长，人们对晚年生活质量的要求也越来越高。而生物医学工具可以帮助老人们实现更长时间的生活自理。

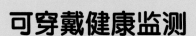

人工智能诊断

医生越早发现疾病，能提供给患者的帮助就越多。青光眼在 70~80 岁的人群中最为常见，如果不及时治疗，患者可能会完全失去视力。眼科医生可以通过眼部扫描发现青光眼的早期症状，而人工智能（AI）可以帮助医生分析扫描结果，其诊断速度和精度甚至超过了人类医生。

可穿戴健康监测

生物医学工程师开发了各种可穿戴监测设备，目的是帮助患者独立生活，而无须住院或接受医护人员的定期探访。这类设备可以紧贴在患者皮肤上，甚至植入患者体内。一旦患者出现健康问题，其医生或家人就会收到警报。这样一来，患者便可以安心地独立生活了。

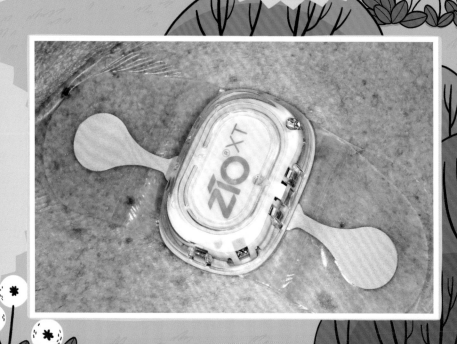

心电监护手表

以前，监测心率的机器只出现在医院或诊所里。现在，一些便携设备可以在不影响患者正常生活的情况下，实时显示其身体内部的情况。心电监护手表可以与智能手机连接，用户只需将每只手的两根手指放在两个传感器上30秒钟，手机上的应用程序就可以判断他们的心律正常与否。对于没有已知心脏问题的普通人来说，智能手表就可以监测他们的心率，并在出现异常时发出提醒。

看护机器人

据统计，日本65岁以上的人口超过了总人口的四分之一，他们中有很大一部分是独居的。为了帮助独居老人，日本政府启用了看护机器人——海豹"帕罗"。它身体柔软，时而活跃，时而困倦，大现得像真正的动物，并且能对人类的表情和抚摸作出反应，所以可以在护理人员、朋友和家人探访期间之外帮助独居老人建立情感联系。

喂饱世界人口

传统畜牧业已经无法满足世界人口对肉类日益增长的需求，更何况它的发展会消耗大量土地资源和水资源，严重破坏地球的生物多样性。

化学工程师正在努力寻找更高效、环保的肉类生产方式，比如在实验室中研发肉类和乳制品的替代品，使它们具有类似的口感、相同的营养价值，以满足未来人类的肉品供应。

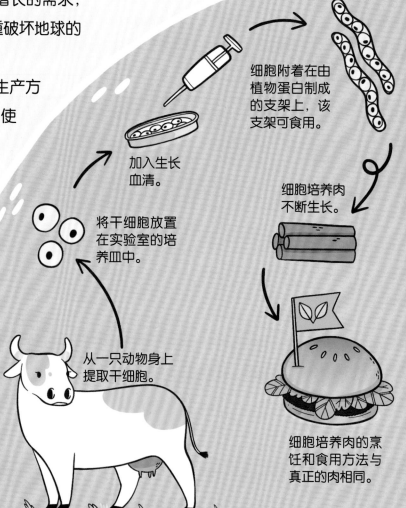

细胞附着在由植物蛋白制成的支架上，该支架可食用。

加入生长血清。

将干细胞放置在实验室的培养皿中。

细胞培养肉不断生长。

从一只动物身上提取干细胞。

细胞培养肉的烹饪和食用方法与真正的肉相同。

植物肉

几十年来，我们一直在使用豆腐、波罗蜜和大豆蛋白等植物原材料，制作与肉类外观和口感类似的食物。尽管这些食物富含蛋白质和钙，并且紧实有嚼劲，然而还是有人嫌它们的"肉味"不够。针对这一问题，有一家公司研发出了一种名为"血红素"的添加剂，它可以在实验室中"酿造"，然后被添加到植物肉中，使其尝起来更像肉。

细胞培养肉

细胞培养肉与宰杀牲畜得到的肉完全相同，只不过它是在实验室中制造的。与传统畜牧业相比，细胞培养肉对土地的消耗减少了99%，用水量减少了96%，且对动物无害。细胞培养肉使用了与组织工程相同的技术：从动物身上提取干细胞，将其置于实验室的大型不锈钢罐中培养，并加入营养物质和生长因子，以刺激肌肉组织的生长。

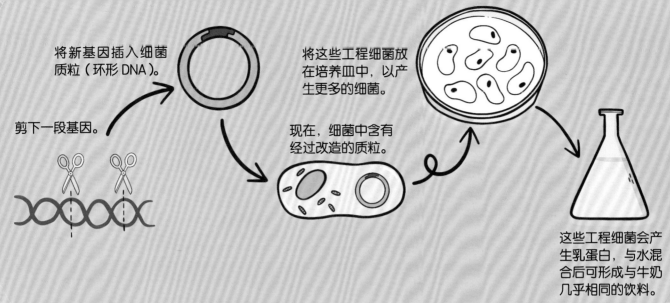

将新基因插入细菌质粒（环形 DNA）。

剪下一段基因。

将这些工程细菌放在培养皿中，以产生更多的细菌。

现在，细菌中含有经过改造的质粒。

这些工程细菌会产生乳蛋白，与水混合后可形成与牛奶几乎相同的饮料。

精密发酵

乳制品行业产生的温室气体占总排放量的 4%，比海运和航空运输的排放总和还要多！为了生产出对环境更友好的乳制品，生物工程师研发出了一种叫"精密发酵"的新技术，即利用微生物生产蛋白质。普通牛奶包含蛋白质、脂肪、糖和矿物质，而这些成分都可以经过精密发酵制造出来，与水混合后就能制成和普通牛奶味道几乎相同的牛奶。

其他替代品

相同的原理也可以用于制造其他动物产品的替代品，比如丝绸、皮革、羊毛、角和皮革。

基因工程

基因工程是精密发酵技术的关键。首先，我们要浏览想复制的动物或植物的 DNA，找到能够制造所需蛋白质的基因，然后将该基因克隆（复制）多次，再插入细菌、真菌等微生物的 DNA 中。最后，这些微生物就能生产我们所需的蛋白质啦！

流行病

新型冠状病毒感染疫情突显了生物医学创新在保障人类健康方面的重要性。当疫情刚开始出现时，我们并不清楚病毒是如何在人群中快速传播的，也不知道如何治疗感染者以及重症患者。好在全球的医护工作者和生物医学领域的科学家齐心协力，互相分享他们的信息和经验，才使疫情得到了有效控制。

疫情早期，科学家们只知道病毒通过空气**传播**，于是建议人们保持距离，勤洗手并及时清洗采购回来的物品。后来，人们发现病毒还会在没有密切接触的人之间通过气溶胶传播。通过研究病毒的传播方式，科学家们才制定出了有效的防控措施。

新冠病毒的**检测**通常使用鼻拭子或咽拭子，即用棉签蘸取鼻腔或喉咙后部的样本。拭子检测并不是新技术，我们在家里用的抗原快速检测试剂盒也并非新技术，真正"新"的是人们能随时接受这些检测，防止疫情传播。

科学家们不断**监测**新型冠状病毒感染病例增长的地点以及病毒的变化情况。在许多国家，人们需要报告他们的症状和检测结果，从而帮助科学家们了解疫情的高发地。还有一些国家的科学家会对样本进行基因序列分析，以便发现变异毒株的突变方向。

疫苗的作用是向人体引入少量病原，让免疫系统学习如何抵抗病毒。疫苗通常以注射的方式接种。在新型冠状病毒感染疫情中，我们首次使用了 mRNA（信使核糖核酸）疫苗，它的成功促使科学家们尝试将这项技术应用于其他疾病的预防中。

卡塔琳·考里科

（1955—）

卡塔琳·考里科是一位匈牙利裔美籍生物化学家，也是新型 mRNA 疫苗的领军人物。这种疫苗在新型冠状病毒感染大流行期间取得了巨大成功，目前 mRNA 技术已经被用于其他疫苗的研发中。

考里科出生于匈牙利，她梦想成为科学家，于 1982 年获得了生物化学博士学位。1985 年，考里科与丈夫带着两岁的女儿、一只藏着 900 英镑的泰迪熊和治愈疾病的想法离开匈牙利前往美国。

考里科的想法是让 mRNA 指示人体细胞主动生成对抗病毒的产物。为了让这个想法成真，她花了近 40 年时间。

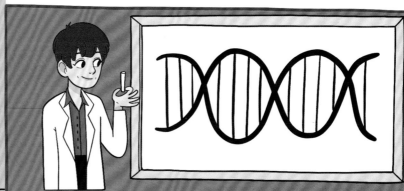

什么是 mRNA？

你的细胞内充满了 DNA——一个信息库。mRNA 是一种分子，它能够复制 DNA 的一小部分信息，并将其传递到核糖体（细胞内的蛋白质工厂）。随后，核糖体会按照信息上的指令合成蛋白质。

考里科和她的团队经过多年的努力，终于找到了将 mRNA 安全送入人体的方法。这种 mRNA 能指示细胞制造少量病毒蛋白，从而刺激免疫系统产生抗体。

新型冠状病毒感染疫情发生时，考里科正在研究如何使用 mRNA 治疗临症，但没有进展。于是她转变方向，开始研发新冠病毒疫苗。

在她和团队人员的努力下，mRNA 疫苗的研发速度打破了历史纪录。相比传统疫苗，mRNA 疫苗更安全、几乎不会损坏细胞。2023 年，卡塔琳·考里科因其在 mRNA 研究上的突破性发现斩获诺贝尔生理学或医学奖。

未来医疗

生物医学工程师致力于各种令人惊叹的技术创新。这些创新将会成为我们未来生活的一部分，在提升医疗护理质量和改善人类健康等方面发挥重要作用。

基因编辑

基因编辑就是对可能存在缺陷的基因进行修改或修饰的技术，目前已经在农业和医疗领域得到了广泛引用。在农业领域，基因编辑技术最早被用于改良农作物的耐病性和耐旱性。如今，更先进的 CRISPR 基因编辑技术也被用在了育种上，科学家们甚至利用这种技术培育出了可以缓解人体压力的番茄。

珍妮弗·道德纳
（1964—）

我们知道的越多，就发现自己不知道的越多。

美国生物学家珍妮弗·道德纳在夏威夷长大，于 1989 年获得哈佛医学院的博士学位。2012 年，道德纳和她的法国搭档埃玛纽埃勒·沙尔庞捷发现某些细菌拥有一种对抗病毒的天然工具——CRISPR，它是一簇短回文序列，能够编码一种酶，这种酶的作用类似于剪刀，可以剪断病毒的 DNA，使其无法感染细菌。道德纳和沙尔庞捷找到了编辑这种酶的方法，使其能剪断其他生物的 DNA 序列。8 年后，她们一起获得了诺贝尔化学奖。

异种移植

当人体的某个器官发生病变时，可以采用器官移植手术进行治疗，方法是取出患者的病变器官，然后将另一个人健康的器官移植进去。如果遇到人类器官短缺的情况，就可以考虑异种移植，即将另一物种的健康器官移植到人体中。只不过其他动物体内携带人类免疫系统无法识别的病毒，会引发排斥反应。好在 CRISPR 基因编辑技术可以去除会触发排斥反应的基因。2022年，全球首例猪心脏移植人体手术完成。

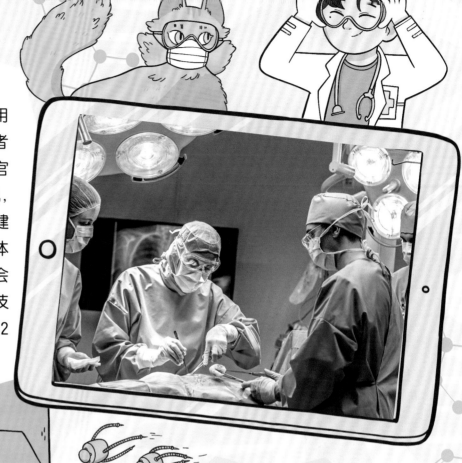

纳米靶向技术

纳米生物材料即纳米尺度的生物分子，如 DNA、蛋白质、糖和脂肪等。纳米生物材料作为一种微型工具，可以在人体血管内移动，并在到达特定区域后发挥作用，比如向发生癌变的部位精准投送药物。只要将药物附着在磁性纳米粒子上，就可以利用磁场将药物吸引到正确的位置。靶向治疗比传统的化疗更精准有效，并且不会损伤正常的组织细胞。

酸碱测试

化学家使用 pH 值来衡量物质的酸碱性。你可以使用紫甘蓝制作简易的 pH 指示溶液，快在厨房里试一下吧！

动动手吧！

你需要用到：
- 紫甘蓝（约 1/4 个）
- 1 个筛子
- 1 个鸡蛋
- 3 个干净的玻璃杯
- 1 个水壶
- 热水
- 醋
- 气泡水

实验步骤：

1. 先从紫甘蓝中提取紫色。将叶子切碎或撕碎，然后将它们浸泡在热水中，等待水冷却。

2. 用筛子过滤上一步的混合物，并将紫色水收集在水壶中。紫甘蓝的碎片丢掉就好。

3. 将紫色水分别倒入 3 个玻璃杯，注意高度不要超过杯子的一半。

4. 向第一个玻璃杯中加入一些打散的蛋液。发生了什么？

5. 向第二个玻璃杯中倒入气泡水。产生的变化与第一杯相同还是不同？

6. 缓慢地将少量醋倒入第三个玻璃杯，如果看不到变化就再加一点。你看到了什么？

科学原理

紫甘蓝之所以呈紫色，是因为它含有一种叫"花青素"的化学物质。花青素在不同 pH 值的溶液中会呈现出不同的颜色。当溶液偏酸性时，它会变成红色；偏碱性时，它会变成蓝色。

破坏表面张力

　　水具有很强的表面张力，下面这个实验展示了洗洁精是如何破坏水的表面张力进而清洁物品的。

动动手吧！

你需要用到：
- 1碗水
- 1根牙签
- 洗洁精
- 黑胡椒粉

实验步骤：

1. 撒一些黑胡椒粉在盛有水的碗里，黑胡椒粉应该会漂浮在水面上。

2. 用牙签的一端蘸一点洗洁精。

3. 用带有洗洁精的牙签端轻轻触碰水面，然后观察黑胡椒粉的变化。

科学原理

洗洁精破坏了牙签周围水的表面张力，导致黑胡椒粉从牙签所在位置逃离，向外围表面张力完好无损的地方迅速移动。如果加入更多的洗洁精，那么黑胡椒粉最终会下沉到碗底。

继续探索

试试用其他能浮在水面上的轻小物体，如订书钉、闪粉或者铅笔屑，重做这个实验，你有发现了什么？

41

自制浴盐球

浴盐球遇水发生的化学反应会让洗澡变得更有趣。它的制作过程其实很简单，快来尝试一下吧！

动动手吧！

你需要用到：
- 100 克小苏打
- 50 克柠檬酸
- 25 克玉米淀粉
- 2 茶匙油（葵花籽油、椰子油或橄榄油）
- 1/4 茶匙或几滴精油
- 几滴食用色素
- 1 只大号搅拌碗
- 1 只小号搅拌碗
- 1 个搅拌器
- 1 个茶匙
- 模具若干（做纸杯蛋糕用的硅胶模具、小酸奶罐或饼干模具）
- 水

实验步骤：

1. 将小苏打、柠檬酸和玉米淀粉放入大号搅拌碗中，轻轻搅拌至混合均匀。

2. 将油、精油和食用色素在小号搅拌碗中混合均匀。如果食用色素无法完全溶解于油，不用担心，它们会混合在第一步制成的粉末中。

3. 往粉末中加入一茶匙第二步制成的混合油，用搅拌器搅拌混合。搅拌过程中，色素会给粉末染上颜色。

42

4. 重复以上步骤，每加入一茶匙混合油就搅拌一次，直到所有油都混合到粉末中。

5. 现在，你可以加入几滴水来帮助混合物结合。注意不要加太多，否则混合物可能会开始起泡。这时的混合物看起来应该像潮湿的沙子，你可以把它捏成一团。

6. 将混合物放入模具，用茶匙背面压实并将顶部抹平。

7. 静置 2~4 小时，然后小心地从模具中取出。浴盐球就做好啦！

柠檬气泡水

当气泡水中含有的二氧化碳气体从液体中释放出来时，气泡水就会冒泡。下面这个实验将向你展示如何自制柠檬气泡水。

动动手吧！

你需要用到：
- 1个柠檬
- 1个大玻璃杯
- 1茶匙小苏打
- 1个茶匙
- 水
- 糖

实验步骤：

1. 将柠檬汁挤入大玻璃杯。

2. 向柠檬汁中加入等量的水。

3. 尝一下，如果太酸，可以加入一些糖。

4. 加入小苏打搅拌均匀，然后就可以喝啦！

科学原理

柠檬汁里含有柠檬酸，小苏打与柠檬酸发生反应产生二氧化碳气体，这些气体从液体中释放出来产生气泡，这与你将浴盐球放到水中时发生的反应是相同的。

弹力鸡蛋

你知道吗？蛋壳和蛋液之间有一层薄膜，通过溶解蛋壳，我们可以将生鸡蛋变成一个弹力球！

动动手吧！

你需要用到：
- 1个鸡蛋
- 1个干净的玻璃杯
- 白醋

实验步骤：

1. 将生鸡蛋小心地放入玻璃杯中。

2. 倒入白醋，使鸡蛋完全浸没在其中。

3. 让鸡蛋静置两天。你可能会看到蛋壳表面出现小气泡。

4. 两天后，蛋壳应该已经完全溶解掉了。取出鸡蛋，轻轻擦拭表面，去除残留的蛋壳。

5. 现在的鸡蛋会有一些弹性，但要小心，薄膜并不结实。弹跳过度可能会导致薄膜破裂。

科学原理

蛋壳由碳酸钙构成，遇到酸性物质（如醋）就会溶解并产生二氧化碳，冒出气泡。而薄膜在醋中不会溶解，因此能保持内部蛋液的完整。

继续探索

你还可以给你的弹力鸡蛋上色！在实验开始之前，找出一支荧光笔，将笔心中的颜料挤入玻璃杯，再按顺序放入鸡蛋和白醋即可。

术语表

消毒剂
一种可以杀灭致病微生物，如细菌和霉菌，使物体表面变得安全的化学物质。

肥料
一种能够提供营养元素、改善土壤性质、提高作物产量的物质。

纳米生物技术
利用纳米级的生物分子进行生物学研究的工程技术。1纳米等于0.000001毫米，纳米尺度的物质比头发丝还细。

基因工程
通过改造基因或基因组来改变生物遗传特性的技术。

组织工程
一种将细胞、其他生物材料与物理支架相结合，从而创造出具有天然组织功能的新器官或组织的技术。

生物材料
用以诊断、治疗、修复或替换机体组织、器官或增进其功能的材料。

青霉素
世界上最早的抗生素。

氯
一种可以给水消毒的化学物质，有强烈的刺激性气味。

内聚力
一种将水分子拉在一起的力。

表面活性剂
一种能降低水的表面张力的化学物质。

亲水
化学物质被水吸引的特性。

疏水
化学物质被水排斥的特性。

感谢如下素材的授权使用
上 =t, 下 =b, 中心 =c, 左 =l, 右 =r

16br ManuWe/iStock Images; 19cr Scott Downing/Alamy Stock Photo; 22cl goa novi/Shutterstock; 23tr Monkey Business Images/Shutterstock, 23bl Image Source/Alamy Stock Photo; 32c Inside Creative House/iStock Images, 32br DR P. Marazzi/Science Photo Library; 33tl Nastasic/iStock Images, 33br Newscom/Alamy Stock Photo; 36c Prostock-Studio/iStock Images, 36tr RGB Ventures/SuperStock/Alamy Stock Photo, 36br People Image Studio/Shutterstock, 36bl PhotoEdit/Alamy Stock Photo; 38cl vchal/Shutterstock; 39tr vm/iStock Images, 39bl Kateryna Kon/Shutterstock.

胶束

在洗涤过程中，表面活性剂的疏水端向内、亲水端向外形成的球状结构。

面筋

揉面时形成的长而富有弹性的蛋白质。

酵母

一种单细胞真菌，能将糖发酵成酒精和二氧化碳，是一种天然发酵剂。

絮凝剂

一种使水或液体中悬浮微粒聚集变大或形成絮团，从而加速微粒聚沉的化学药剂。

聚合物

由许多单体通过化学键结合在一起形成的物质，如塑料。

移植

将生物体的细胞、组织或器官移到同一个体的另一部位或另一个体的技术。

血红素

一种让植物肉吃起来有肉味的天然化学物质。

精密发酵

以微生物为细胞工厂，通过发酵获得蛋白质的技术，已用于生产乳制品和肉类。

CRISPR

细菌为抵抗病毒入侵进化出的免疫系统，目前已应用于生命科学领域，成为一种可以快速、简便地编辑基因的技术。

靶向治疗

在细胞分子水平上，针对已经明确的致癌位点设计相应的治疗药物，选择性地杀死癌细胞，而不伤害正常组织的治疗方法。

pH 值

用来表示物质的酸碱度。

作者和绘者

珍妮·雅各比

珍妮的主要工作是创作、编辑童书和儿童刊物。她喜欢用充满童趣的方式传播知识，其作品包括科普书、人物小传、谜题和智力测验。珍妮和她的家人住在英国伦敦。

露娜·瓦伦丁

露娜是一名波兰儿童图书插画师，现居英国诺丁汉。她受到科学、自然和民间故事的启发，创造出了幽默、古怪的人物角色。露娜拥有插画硕士学位，与包括阿歇特和麦克米伦在内的多家知名出版社都保持着稳定的合作关系。